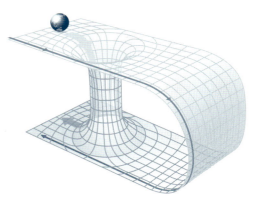

1981年、佐藤勝彦博士（1945年〜）とアメリカの宇宙物理学者アラン＝グース博士（1947年〜）がほぼ同時期に、「ビッグバンがおこる直前に、宇宙の急激なふくれあがりがあった」とする「インフレーション説」を発表

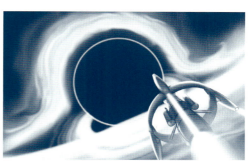

アインシュタインの共同研究者でアメリカの物理学者ジョン＝ホイーラー（1911〜2008年）が「ワームホール（1957年）」や「ブラックホール（1967年）」を名づけた

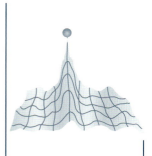

1982年、アメリカの科学者アレクサンダー＝ビレンキン博士（1949年〜）が、「宇宙は何もない状態（無）から始まった」という「ビレンキン仮説」を発表。時間も空間もない状態から、宇宙の「種」のようなものが生まれたとした

1950年　　　　　　　　　　　　　　　　　　　　　　　2000年

1940年代、アメリカの物理学者ジョージ＝ガモフ（1904〜1968年）は、「宇宙は最初、超高密度・超高温の状態で、爆発するように広がって始まった」とする「ビッグバン説」を発表

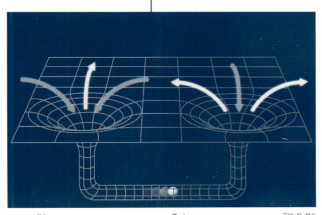

1988年、ジョン＝ホイーラーの弟子であるアメリカの物理学者キップ＝ソーン博士（1940年〜）は、ブラックホールやワームホールについて研究して、ワームホールを使うとタイムマシンがつくれるかもしれないと考えた

ふしぎ？ふしぎ！
〈時間〉ものしり大百科

② 飛びこえる〈時間〉
タイムマシンのつくり方

山口大学 時間学研究所 監修
藤沢 健太 著

ミネルヴァ書房

ふしぎ？ふしぎ！〈時間〉ものしり大百科 ❷ 飛びこえる〈時間〉タイムマシンのつくり方

はじめに

今からおよそ138億年前に「宇宙」が始まったと考えられています。そして、その瞬間から「空間」とともに、「時間」も生まれました。その後、長い時間をかけて、宇宙は現在のすがたになりました。

夜空にかがやく星の光は、宇宙空間を飛んで私たちの暮らす地球に届きます。また、宇宙には時間の流れを変えてしまうブラックホールのような、ふしぎな天体もあります。

では、私たちは時間を飛びこえて、過去や未来を自由に行き来することはできるのでしょうか。宇宙のしくみを知り、光と同じくらいのスピードで進むタイムマシンができれば、未来へのタイムトラベルは可能になるかもしれません。

さあ、宇宙と時間のふしぎな関係について見ていきましょう！

この本の見方

このページで解説する内容です。

大きなイラストと文章でわかりやすく解説しています。

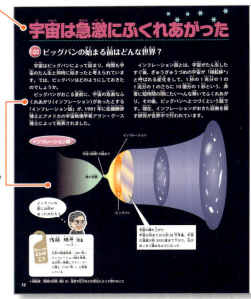

しくみなどをよりくわしく説明しています。

このページと関係する人物を紹介しています。

# もくじ

第1章　宇宙と時間のふしぎ …… 4
時間の「なぞ」は宇宙にあるの？

「過去」から届く星の光……6
宇宙の始まりと時間……8
恒星の一生……10
宇宙は急激にふくれあがった……12
時間は一方通行……14
時間の流れと宇宙の終わり……16

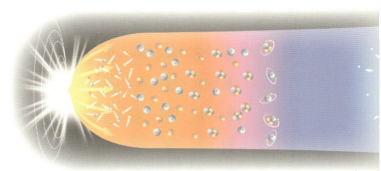

第2章　相対性理論と時間 ……18
タイムトラベルはできるの？

光の速さはいつも同じ……20
時間の進み方は変化する……22
重力と時間の関係……24
ブラックホールのなぞ……26
未来へのタイムトラベル……28

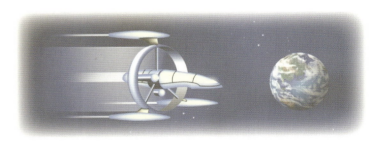

第3章　時間を飛びこえる方法 ……30
タイムマシンはつくれるの？

ワームホールとタイムマシン……32
タイムパラドックスのふしぎ……34
宇宙のなぞと時間のふしぎ……36

さくいん……38

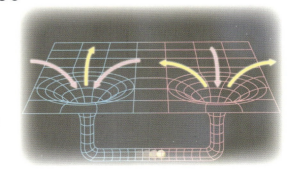

第1章 宇宙と時間のふしぎ

地球上で暮らす私たちは、「宇宙」という大きな世界で生きているということができます。じつはその宇宙とは、空間をあらわす「宇」と時間をあらわす「宙」という意味なのです。私たちは、空間を移動することはできますが、時間を自由にあやつることはできません。しかし、自由に時間を飛びこえるタイムマシンをつくることができれば、未来の世界をのぞいたり、むかしの自分に出会ったりすることができるかもしれません。さあ、宇宙と時間のふしぎについて調べてみましょう。

「過去」から届く星の光

🕐 遠くの星ほど、むかしのすがたを見ている

晴れた日に夜空を見上げると、多くの星が見えます。それらの星が出す光は、宇宙空間を飛んで私たちの目に届いているのです。光は1秒間に約30万キロメートルもの速さで進みますが、宇宙空間は広いので、星の光が私たちに届くまでには、長い時間がかかります。

地球からもっとも近くにある月でも、地球から約38万キロメートルはなれているので、月の光は約1.3秒かかって地球に届きます。太陽は約1億5000万キロメートルはなれているので、太陽の光は約8分20秒（約500秒）かかって届きます。つまり、私たちが見ている太陽は、約8分20秒前のすがたなのです。

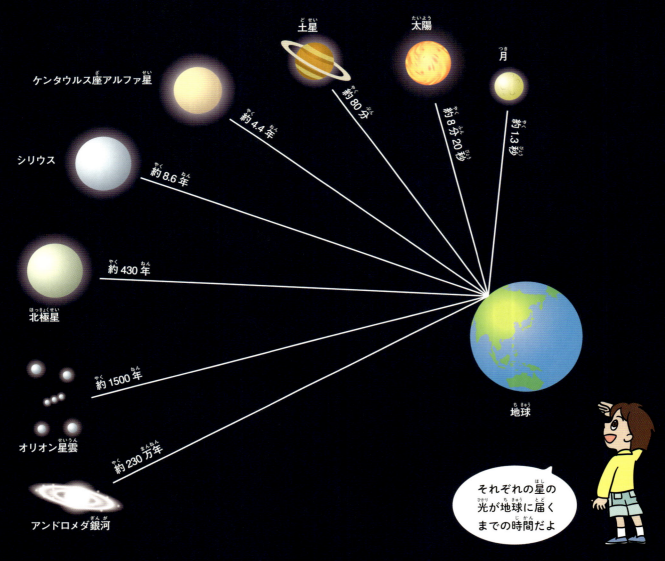

それぞれの星の光が地球に届くまでの時間だよ

光の速さと星までの距離

光が1年かかって進む距離を「1光年」といいます。光は1秒間に約30万キロメートルの速さで進むので、1光年は約9兆5000億キロメートルになります。

たとえば、太陽系*にもっとも近い「ケンタウルス座アルファ星」という恒星*は、地球から約41兆キロメートルはなれています。これは、光の速さで約4.4光年はなれていることを表すので、私たちが見ているケンタウルス座アルファ星は、約4.4年前のすがたなのです。さらに、ケンタウルス座アルファ星のとなりに見える「ケンタウルス座ベータ星」と地球とは、約390光年はなれているので、約390年前のすがたを見ているのです。ならんで見える2つの星は、まったく異なる時期のすがたを見ていることになります。

ひとやすみ ★「三角測量」

「三角測量」とは、三角形の性質を利用して距離をはかる方法で、三角形の1辺の長さとその両側の角度がわかれば、残りの2辺の長さがわかる。

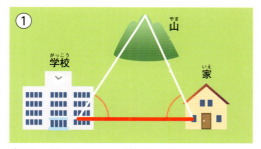

①学校と家の距離と、学校と家、それぞれから山の角度をはかれば、山までの距離がわかる

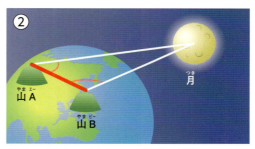

②山Aと山Bの距離と、山Aと山Bそれぞれから月の角度をはかれば、月までの距離がわかる

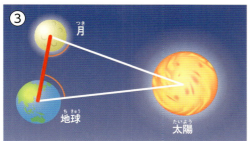

③月と地球の距離と、月と地球それぞれから太陽の角度をはかれば、太陽までの距離がわかる

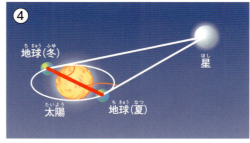

④太陽の周りを公転する地球の夏と冬の位置の距離と、夏と冬それぞれからある星の角度をはかれば、ある星までの距離がわかる

*太陽系：太陽と太陽の周りを公転する天体などからなる領域
*恒星：自分で光を発する天体。太陽系では太陽

宇宙の始まりと時間

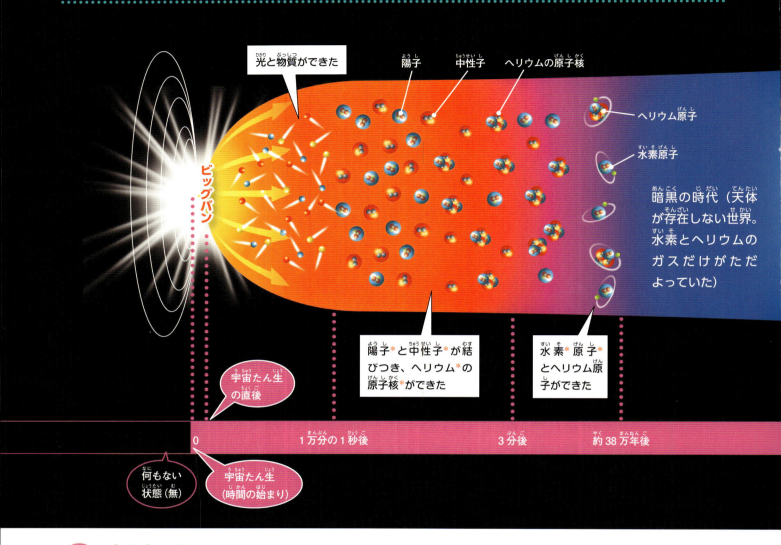

🕐 宇宙は最初、ぎゅうぎゅうづめで熱かった

　現代の私たちは、高性能の望遠鏡を使って100億光年以上はなれた天体を観測することができます。そして、すべての天体が私たちから遠ざかる動きをしていることがわかります。このことは、1929年、アメリカの天文学者エドウィン＝ハッブルによって発表されました。
　天体が私たちから遠ざかっているということは、むかしは宇宙に散らばる天体がおたがいに近くにあったということです。今から100億年以上前、宇宙はぎゅうぎゅうづめの状態だったと考えられています。ぎゅうぎゅうづめにすると、ものは熱くなります。ということは、宇宙もむかしは熱かったと考えられます。
　1940年代には、アメリカの物理学者ジョージ＝ガモフが、「宇宙は最初、ぎゅうぎゅうづめ（超高密度）のとても熱い（超高温）状態で、

＊陽子、中性子、原子核、原子：元素を構成するもっとも小さな単位を「原子」という。原子は原子核と電子で構成され、原子核は陽子と中性子から構成される
＊ヘリウム：原子番号2、元素記号 He。宇宙で水素に次いで多く存在し、もっとも軽い元素

第1章 宇宙と時間のふしぎ

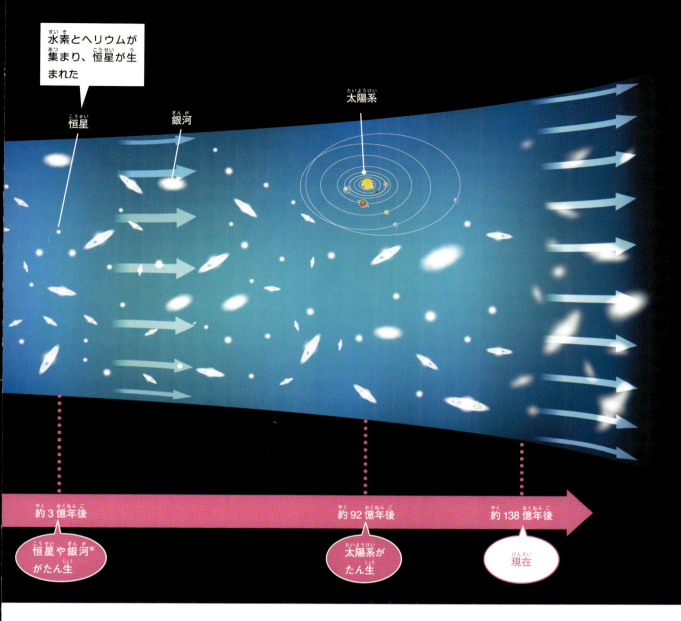

水素とヘリウムが集まり、恒星が生まれた

恒星　銀河　太陽系

約3億年後 — 恒星や銀河*がたん生
約92億年後 — 太陽系がたん生
約138億年後 — 現在

爆発するように広がって始まった」と考えました。これが宇宙で最初におこった大爆発「ビッグバン」です。宇宙はビッグバンによって始まり、このときから「空間」ができ、「時間」が始まりました。ビッグバンのあと、宇宙はとても高温でしたが、急激にふくれあがるとともに温度が下がり、約138億年という長い時間をかけて、現在のすがたになったと考えられます。

宇宙はふくらんでいる！

考えたのはどんな人？

エドウィン=ハッブル
（1889〜1953年）

アメリカの天文学者。1929年、「遠くにある銀河はその距離に比例した速さでどんどん遠ざかっている」ことを発見した

*水素：原子番号1、元素記号H。宇宙でもっとも多く存在する元素で、原子核に陽子1つのみから構成される（軽水素）
*銀河：恒星や惑星、ガスなどが重力でひとまとまりにされた天体。地球（惑星）は太陽（恒星）系に属し、太陽系は天の川銀河に属する

恒星の一生

🕐 すべての星はガスから生まれた

　ビッグバンによって宇宙が始まった直後、宇宙に存在したのは水素とヘリウムばかりでした。水素もヘリウムも無色透明の気体（ガス）で、これらが集まって「恒星」が生まれました。私たちが暮らす地球（惑星）や私たち自身のからだは、酸素や炭素、鉄、マグネシウムなどいろいろな物質でできていますが、これらも水素とヘリウムがもとになって長い時間のあいだにつくりだされたものだと考えられています。

　宇宙の水素とヘリウムが集まって恒星が生まれる最初の状態を「原始星」といいます。恒星は原始星から成長するときに、内部で「核融合*」という反応をおこします。このとき大量の熱が発生するため、高温になり光を出すのです。そして長い時間がたつと、恒星は自分で光ることができなくなったり、内部のエネルギーのバランスがくずれて爆発したりして、その一生を終えます。爆発で飛び散ったものが宇宙をただよう「星間ガス」となり、それらが集まってまた新しい原始星が生まれるのです。こうした恒星の寿命はその質量*によって異なり、大きく重い恒星では数百万年、小さく軽い恒星では1000億年以上と考えられています。

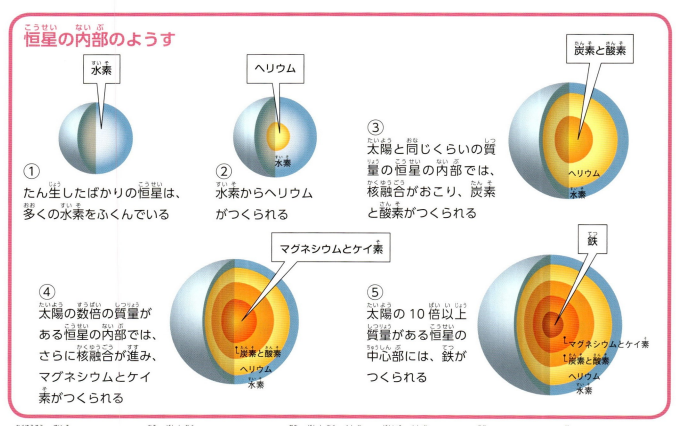

恒星の内部のようす

① たん生したばかりの恒星は、多くの水素をふくんでいる

② 水素からヘリウムがつくられる

③ 太陽と同じくらいの質量の恒星の内部では、核融合がおこり、炭素と酸素がつくられる

④ 太陽の数倍の質量がある恒星の内部では、さらに核融合が進み、マグネシウムとケイ素がつくられる

⑤ 太陽の10倍以上質量がある恒星の中心部には、鉄がつくられる

* 核融合：水素やヘリウムなどの軽い原子核がくっつき、もとより重い原子核に変化する現象。変化するときに大きなエネルギーを出す
* 質量：「物質のもともとの量」のこと。その物質がどこにあっても質量は変わらない。単位の基準はkg（キログラム）で表す

第1章 宇宙と時間のふし

星間ガス
赤色巨星や赤色超巨星の爆発で飛び散ったもの。水素やヘリウムのほか、炭素・酸素・マグネシウム・鉄などがふくまれる

原始星
星間ガスが集まり恒星が生まれる

ブラックホール
（→ p.26）

超新星爆発
赤色超巨星の内部に鉄がつくられると、それ以上核融合反応をしなくなり、温度が100億度以上になって超新星爆発がおこる

ガス

恒星

赤色巨星
太陽と同じくらいの質量がある恒星では、核融合反応によりヘリウムが内部にたまり、エネルギーのバランスがくずれてふくれあがる

白色矮星
自分で光りかがやくエネルギーをつくり出すことができなくなった恒星。ゆっくりと冷めて暗くなり、やがて見えなくなる

中性子星
超新星爆発した赤色超巨星の中心部が残ったもの。超高密度の小さな星で、高速で自転して規則正しい電波を出す

赤色超巨星
赤色巨星よりも質量が大きく、重くて明るい恒星。さらに核融合反応が進み、炭素や酸素、鉄などがつくられる

主系列星
核融合により、恒星は長いあいだ光りつづける

宇宙は急激にふくれあがった

🕖 ビッグバンの始まる前はどんな世界？

　宇宙はビッグバンによって始まり、時間も宇宙のたん生と同時に始まったと考えられています。では、ビッグバンはどのようにしておきたのでしょうか。

　ビッグバンがおこる直前に、宇宙の急激なふくれあがり（インフレーション）があったとする「インフレーション説」が、1981年に佐藤勝彦博士とアメリカの宇宙物理学者アラン＝グース博士によって発表されました。

　インフレーション説とは、宇宙がたん生したすぐ後、ぎゅうぎゅうづめの宇宙が「相転移*」と呼ばれる変化をして、1秒の1兆分の1の1兆分の1のさらに10億分の1秒という、非常に短時間の間にたいへんな勢いでふくれあがり、その後、ビッグバンへとつづくという説です。現在、インフレーションがおきた証拠を探す研究が世界中で行われています。

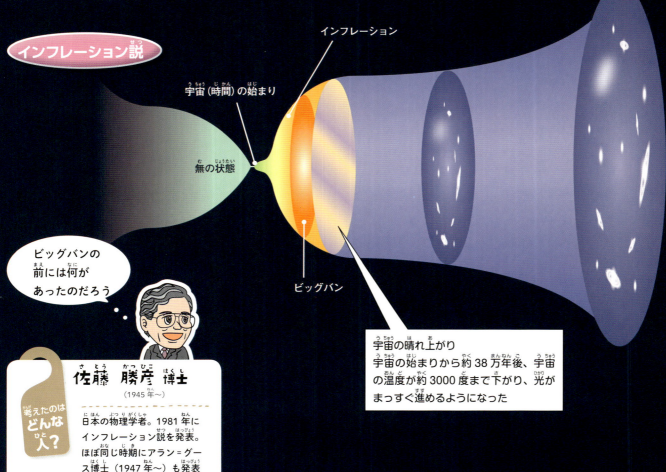

インフレーション説

- 無の状態
- 宇宙（時間）の始まり
- インフレーション
- ビッグバン
- 宇宙の晴れ上がり　宇宙の始まりから約38万年後、宇宙の温度が約3000度まで下がり、光がまっすぐ進めるようになった

ビッグバンの前には何があったのだろう

佐藤 勝彦 博士（1945年〜）

考えたのはどんな人？
日本の物理学者。1981年にインフレーション説を発表。ほぼ同じ時期にアラン＝グース博士（1947年〜）も発表している

＊相転移：物質の状態（相）が、温度や圧力などの変化によって変わること

宇宙は「無」から生まれた？

では、インフレーションが始まる前、宇宙はどのようにたん生したのでしょうか。1982年、アメリカの科学者アレクサンダー＝ビレンキン博士は「宇宙は何もない状態（無）から始まった」という説（「ビレンキン仮説」）を発表しました。時間も空間もない状態から、宇宙の「種」のようなものが生まれたというのです。

ビレンキン仮説では、「無」といってもまったく何も存在しないわけではなく、「ゆらぎ」というものが発生していたと考えられています。そして、このゆらぎから突然、宇宙の「種」がたん生し、インフレーションをおこしたとされています。しかし今のところ、この説を確かめる方法はありません。

ビレンキン仮説

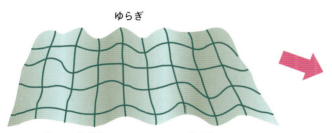

① 「無」の状態に「ゆらぎ」が発生する

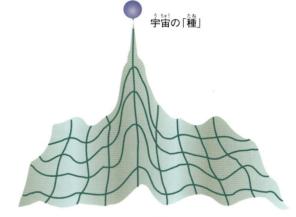

② 「ゆらぎ」が大きくなり、宇宙の「種」がたん生する

インフレーション

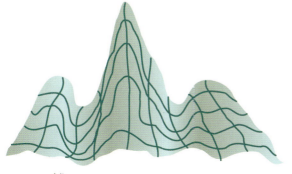

③ 「種」が「インフレーション」をおこす

宇宙は「無」から始まったんだ。

アレクサンダー＝ビレンキン博士
（1949年〜）

1982年に「宇宙は時間や空間、エネルギーのない状態（無）から始まった」という説を発表した

時間は一方通行

「過去から現在」へのみ流れる時間

　私たちは、身のまわりでいろいろな変化や運動がおこっているときに、「時間が流れている」と感じることがあります。

　では、もし、現在から過去へ時間が逆向きに流れたらどうなるでしょうか？　たとえば、野球のボールを上に向けて投げると、ボールはある高さまで達すると落ちてきます。この場合は、時間が逆向きに流れてもボールが上がり、落ちてくるまでのようすは同じように見えるかもしれません。

　しかし実際には、時間が逆向きに流れると、おかしなことがたくさんおこります。たとえば、平らな床の上でボールを勢いよく転がすと、しだいに勢いがなくなり、やがてゆっくりと止まります。この場合は、時間が逆向きに流れると、止まったボールがひとりでにゆっくりと動き出し、しだいに勢いを増し、速く転がることになってしまいます。

　また、コーヒーにミルクを入れると、ミルクはだんだんと広がって、最後にはコーヒーと混ざりますが、この逆のことは決しておきません。

　同じように、温水と冷水を混ぜてぬるま湯にすることはできますが、一度混ざったぬるま湯を温水と冷水に分けることはできません。

　時間の流れは常に一方通行で、「過去から現在」へ流れています。「現在から過去」へと逆向きに流れることはないのです。そして私たちが感じる「時間の流れ」も、「過去から現在」への時間の流れなのです。

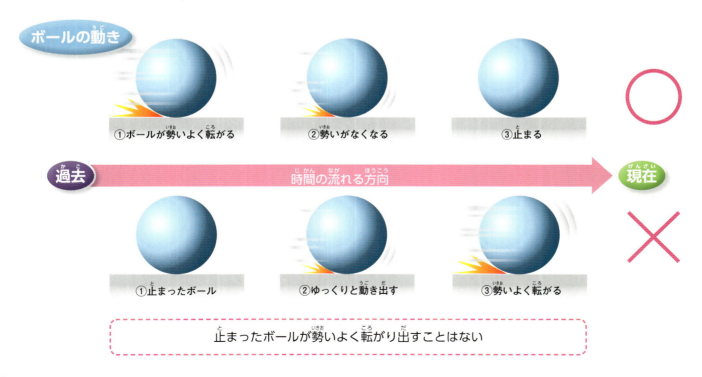

ボールの動き
①ボールが勢いよく転がる　②勢いがなくなる　③止まる

過去　時間の流れる方向　現在

①止まったボール　②ゆっくりと動き出す　③勢いよく転がる

止まったボールが勢いよく転がり出すことはない

第1章 宇宙と時間のふしぎ

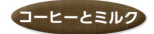
コーヒーとミルク

ぬるま湯

過去 ↑

時間の流れる方向

①コーヒーにミルクを入れる

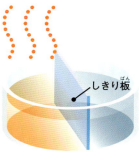
①しきり板で容器を2つに分け、温水と冷水を入れる

②かき混ぜる

②しきり板をとる

③コーヒーとミルクが混ざる

③ぬるま湯になる

↓ 現在

一度混ざったコーヒーとミルクが分かれることはない

ぬるま湯が温水と冷水に分かれることはない

時間の流れと宇宙の終わり

7:00 もし、時間が止まると？

時間が流れるということは、そこに何かの変化があるということです。私たちの体内では、じっとしていても心臓が動き、内臓や細胞の中でいろいろな変化がおきています。また、地球は絶えず自転や公転をしつづけ、太陽も光を出しつづけています。

このような変化がすべてなくなると、空気も海も静止し、光を出す星もない、こおりついたような世界になります。この状態では、私たち人間だけでなく、生物すべてが存在できません。このように、何も変化しなくなると時間の流れもわからなくなります。こういう状態が「時間が止まる」ことだと考えられます。

時間が止まった世界の想像図

宇宙が終わると時間も止まる

宇宙のたん生「ビッグバン」とともに始まった「時間の流れ」は、宇宙の終わりとともに止まると考えられますが、現在の科学では宇宙の終わりを説明することはできません。

宇宙の終わり方は、どんどんふくらんでいき、銀河や星がバラバラに引きさかれて分子や原子になり、さらに分子や原子も引きさかれてすべてのものがなくなって終わる「ビッグリップ」という説があります。ほかに、ふくらんだ風船の空気がぬけるように宇宙がちぢみ、すべてのものがつぶれて終わる「ビッグクランチ」という説もあります。宇宙の終わり方はわかりませんが、すべてのものがなくなり宇宙が終わるときに、時間は止まるのかもしれません。

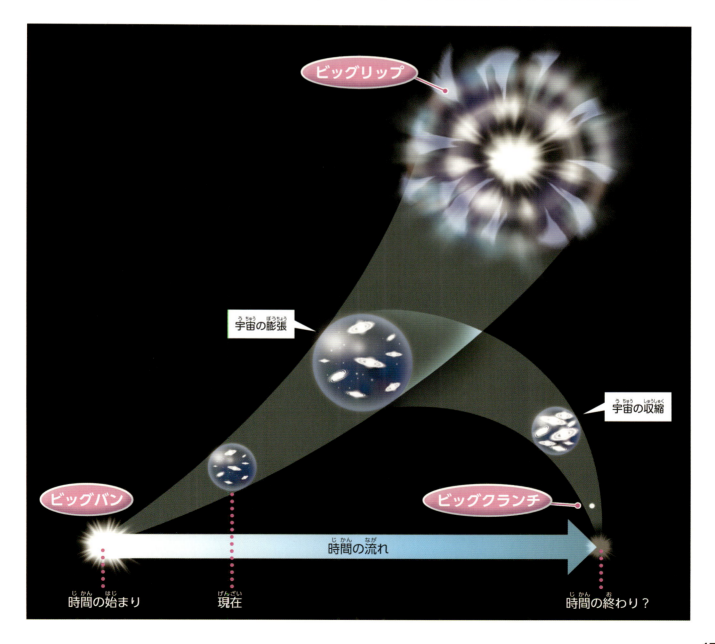

宇宙船A

光速に近い速さで移動する宇宙船Aの船内では、時間がゆっくり進む

第2章 相対性理論と時間

タイムトラベルはできるの？

宇宙船B

止まっている宇宙船Bの船内では、宇宙船Aよりも時間が早く進む

第2章 相対性理論と時間

タイムトラベルの研究は、「相対性理論」から始まりました。相対性理論とは、ドイツの物理学者アルベルト＝アインシュタイン（→p.20）が1905年に発表した理論です。この理論は、大きく2つに分けられます。おもに時間と空間と動きの関係について書かれた「特殊相対性理論（→p.20）」と、おもに重力＊について書かれた「一般相対性理論（→p.24）」です。特殊相対性理論には「光速に近い速さで移動する宇宙船の中では、時間がゆっくり進む」と書かれています。また、一般相対性理論には「重力は光を曲げ、時間をおくらせる」と書かれています。
第2章では、この相対性理論をもとに、宇宙と時間の関係について考えましょう。

恒星

恒星の周辺は重力により、空間がゆがむ。また、恒星の周りでは、時間がゆっくり進む

移動する宇宙船Ａと止まっている宇宙船Ｂの船体の長さは同じだが、私たちの目には宇宙船Ａはちぢんでいるように見える

＊重力：すべての物体が引き寄せあう引力（万有引力）

光の速さはいつも同じ

7:00 アインシュタインが考えた「光の速さ」

1687年、イングランド（現在のイギリス）の科学者アイザック＝ニュートンは、「時間は絶対的（時間は、だれにでも同じように流れるもの）」という考え方を発表しました。しかしこの考え方は、電気と磁気や光の科学的な理論とうまく合いませんでした。

1905年、ドイツ生まれの物理学者アルベルト＝アインシュタインは「時間は相対的（時間はのびたりちぢんだりする。また、人によって流れ方が違うもの）」という、時間の性質を解明する画期的な理論を考え出したのです。

アインシュタインのこの考え方を「特殊相対性理論」といいます。この理論が成り立つためには、「運動をしていても光の速さは変化しない」、「光の速さは宇宙でもっとも速い」ということを条件としています。たとえば、自動車に乗った人が走る方向にボールを投げると、ボールの速さは自動車が走る速さの分だけ速くなりますが、光では変わらないというのです。

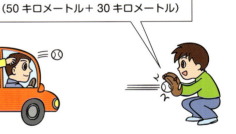

時速50キロメートルで走る自動車に乗り、時速30キロメートルのボールを投げると……　　ボールの速さは変わる

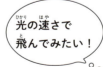

時速50キロメートルで走る自動車から光を照らしても……

光の速さは変わらない

アルベルト＝アインシュタイン
（1879～1955年）

考えたのはどんな人？

現代物理学の父と呼ばれるドイツ生まれの物理学者。「相対性理論」のほか、多くの理論・研究を発表し、1921年にノーベル物理学賞を受賞した

光の速さは本当に変化しないのだろうか？

　1887年、アメリカの物理学者アルバート＝マイケルソンとエドワード＝モーリーは、実験（「マイケルソン・モーリーの実験」）で、方向による光の速さの違いを調べました。

　その方法は、「地球は太陽の周りを秒速約30キロメートルの速さで公転している。そのため、地球の公転と同じ西から東に進む光は、南北方向に進む光と比べて、公転する速さの分だけ速さが変わるはずだ」という考えによるものでした。ところが、実験の結果は、「光の速さは東西方向でも南北方向でも変化しない」というものでした。

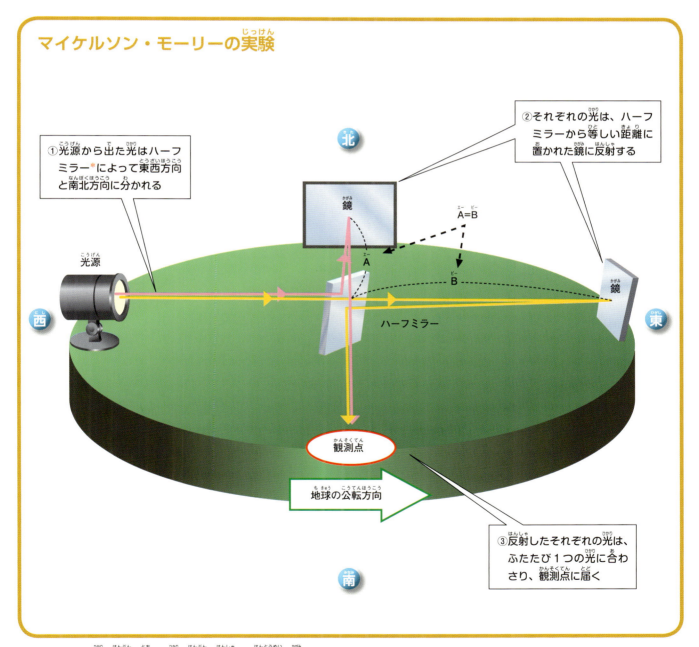

＊ハーフミラー：光の半分を通し、光の半分を反射する半透明の鏡

時間の進み方は変化する

0:00 速く動くと、時間がおそく進むの？

　アインシュタインが発表した「特殊相対性理論」では、「光の速さは運動によって変化しないが、時間の進み方や空間は運動によって変化する」ことが明らかになりました。つまり、速い速度で運動する人は、止まっている人よりゆっくりと時間が流れるというのです。

　たとえば、光の速さの99パーセントの超高速で移動する宇宙船の中では、時間の進み方は約14パーセントに減ります。この場合、地球上で1時間たつ間に、宇宙船の中では約8分24秒しか時間が進まないことになります。

　私たちは、時間はいつも同じ速さで流れていると思っていますが、そうではないのです。「運動が時間の進み方を変化させる」ということが、アインシュタインの大発見だったのです。

　ただし、このような時間の進み方の変化は、とても速く動かないと気づきません。新幹線や飛行機でも、そのスピードは光の速さに比べてずっとおそいので、私たちが時間の流れの変化に気づくことはないのです。

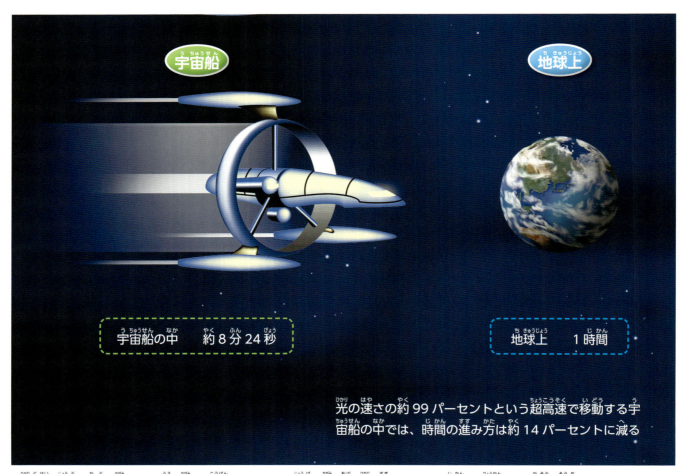

光の速さの約99パーセントという超高速で移動する宇宙船の中では、時間の進み方は約14パーセントに減る

＊光時計：上部と下部に鏡があり、上の鏡には光源がついている。上下の鏡の間を光が進むのにかかる時間を1秒間とする仮想の装置

第2章 相対性理論と時間

時間の進み方の違いを調べるには

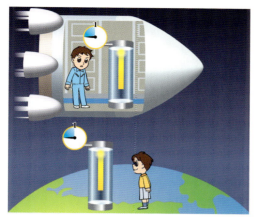

①宇宙船が止まっているとき、光時計*の時間の進み方は地球上と同じに見える

②1秒後、光時計の光が下の鏡に届いたときに、宇宙船が光の速さの80パーセントの速さで移動し始める

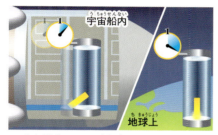

③地球上で1.3秒後、宇宙船内の光時計は少ししか進んでいないように見える

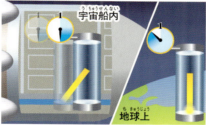

④地球上で1.8秒すぎると、ようやく宇宙船内の光時計が1.5秒になったように見える

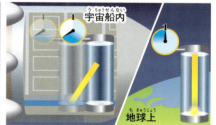

⑤地球上で2秒たっても、宇宙船内の光時計は1.6秒くらいに見える

つまり、地球上の光時計が1秒たっても、宇宙船内の光時計の光は上の鏡まで届いてないように見えるので、宇宙船内では「時間がおそく進んでいる」ことになる。しかし、宇宙船内の人には、時間の進み方の違いはわからない

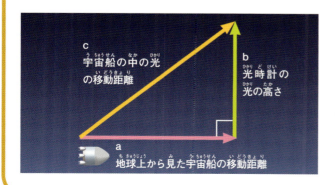

これは、「ピタゴラスの定理」で数字に表すことができる。ピタゴラスの定理では、「直角三角形の3辺の長さの関係は、$a^2 + b^2 = c^2$* となる」ので、宇宙船が移動する速さが光の速さの80パーセントの場合、宇宙船の中の時間の進み方は、地球上から見て約60パーセントに減る。さらに宇宙船が光の速さの99パーセントで移動すれば、宇宙船の中の時間の進み方は、地球上から見て約14パーセントに減る

* $a^2 + b^2 = c^2$：「a^2」は「エーのにじょう」と読み、aの数値を2回乗じる（かける）ことを表す。aを4、bを3とすると、(4×4)＋(3×3)＝25＝c^2 となり、cは5となる

重力と時間の関係

0:00 「重力」ってなんだろう？

　1915〜1916年、アインシュタインは「一般相対性理論」を発表しました。この理論は、おもに「重力」について書かれたもので、「重力とは、空間と時間のひずみである」とされています。

　私たちが暮らす空間は、縦・横・高さの3次元ですが、仮に、縦・横だけの2次元のゴムの膜のような世界を考えてみましょう。このゴムの膜の上に大きな質量の天体があると、その天体の周辺の膜はひずみます。このひずみが「重力」を表し、大きくひずんでいるところが重力の強い場所です。3次元の宇宙空間でも、地球や太陽のように大きな質量をもつ天体の周辺には重力が存在します。このことは、その天体の周辺の空間と時間がひずんでいることを表しています。「時間がひずむ」ということは、重力の強いところでは、時間の進み方がおそくなるということなのです。

　重力による時間の進み方の違いはとても小さいので、私たち人間は感じることができません。しかし現在では、超高精度な「原子時計」を使って、その違いを測定することができるようになりました。

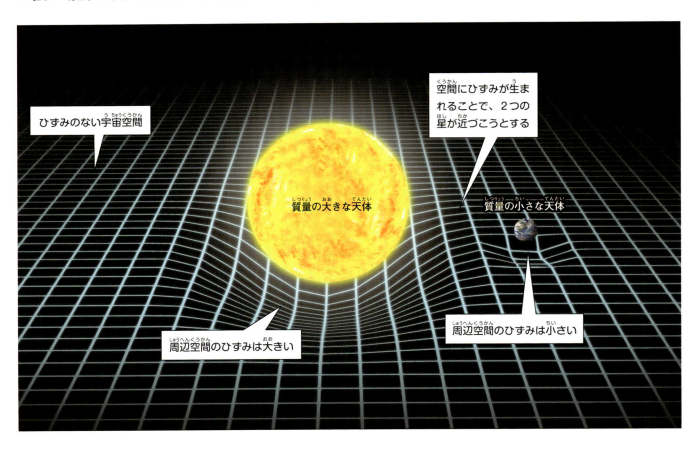

重力によって時間の進み方が変化する

つぎに、大きな重力をもつ天体のそばを光が通ることを考えてみましょう。この場合、天体がもつ大きな重力によって天体のそばの空間がひずむので、そこを通る光の進路も曲がることになります。

さらに、光の進路を見てみると、その外側と内側とでは内側のほうが短くなります。光の速さはいつも一定なので、外側を通る光は時間の進み方が速く、内側を通る光は時間の進み方がおそくなります。

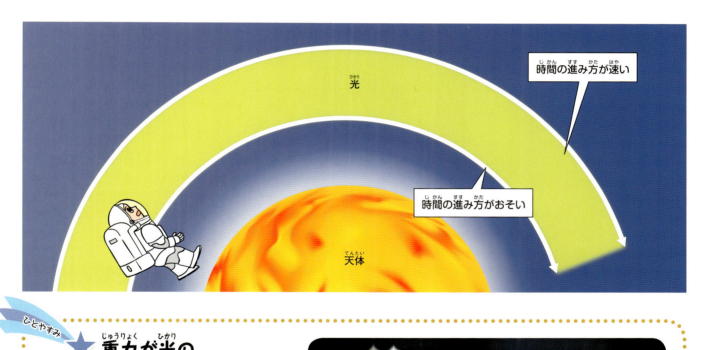

ひとやすみ ★ 重力が光の進路を曲げる

ふつうは、大きな恒星の真後ろにある星は見えないが、その恒星の重力が大きければ見えることがある。

これは、その恒星の重力によって周りの空間がひずみ、真後ろにある星からの光の進路が曲がり、地球に届くからである。

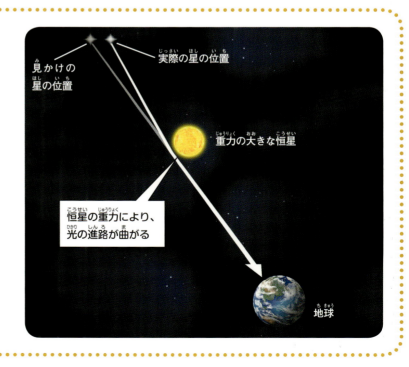

ブラックホールのなぞ

🕐 重力が強い天体の代表

　「ブラックホール」とは、重力が非常に強い天体の代表です。ブラックホールは、太陽の約20倍以上の質量をもつ恒星（赤色超巨星）が燃えつき、超新星爆発をおこした中心に生まれることがあります。宇宙でもっとも速い光を吸いこんでしまうほど重力が強いため、「黒い穴（ブラックホール）」と呼ばれています。

　ブラックホールのそばに近づくと、すべてのものがそこに吸いこまれ、光でさえもそこから逃げ出すことはできません。ブラックホールの内側に入ると、2度と出てくることはできないのです。

　ブラックホールは、ほとんどの銀河に実際に存在する天体です。もっとも有名なブラックホールは、太陽系から約6000光年はなれた「はくちょう座X-1」にあります。はくちょう座X-1は、2つの恒星が近づき、おたがいの周りを回りあっている連星だったものが、あるとき片方の星が爆発してブラックホールができたと考えられています。残されたもう片方は、太陽の30倍くらいの質量をもつ青い恒星ですが、5.6日の周期でブラックホールにふり回されるように回っています。そして、青い恒星から出るガスがブラックホールに吸いこまれるときに、強いX線を出しています。

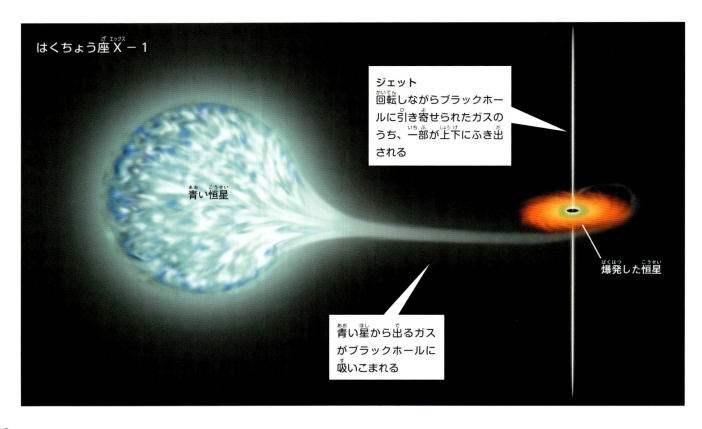

はくちょう座X-1

青い恒星

ジェット
回転しながらブラックホールに引き寄せられたガスのうち、一部が上下にふき出される

青い星から出るガスがブラックホールに吸いこまれる

爆発した恒星

7:00 ブラックホールと時間の関係

ブラックホールに近づけば近づくほど、時間の進み方はどんどんおそくなり、ブラックホールに達すると、時間は止まってしまうと考えられています。

なお、時間が止まってしまうというのは、ブラックホールからずっとはなれた場所と比べた場合です。もし、ブラックホールに吸いこまれる宇宙船の中に人間がいたとしても、時間の進み方が変化しているとは感じないでしょう。時間の進み方の変化は、別の場所と比べたときにわかるものだからです。

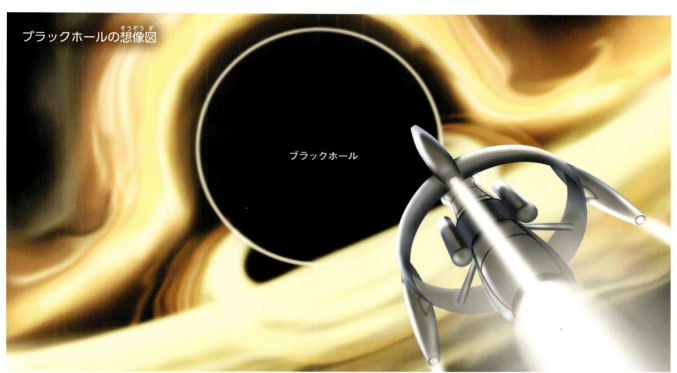

ブラックホールの想像図

ブラックホールのでき方

①宇宙空間をゴムの膜のような世界と考え、その上に質量の大きな天体に見立てた重いボールを置くと、重いボールを置いたところがへこむ

②重いボールがどんどん深くしずみこみ、宇宙空間に穴がほられたような状態になる

③これがブラックホールとなり、近づくすべてのものが、吸いこまれるように穴に落ちていく

未来へのタイムトラベル

🕒 未来へ行った浦島太郎

おとぎばなしの『浦島太郎』は「浦島太郎が竜宮城でしばらくすごして地上にもどると、長い年月がたっていた」という話です。現実にはありえないことですが、特殊相対性理論や一般相対性理論によれば、こうしたことが実際にできると考えられます。

つまり、浦島太郎が「光の速さに近い速度で運動をしていた」または、「重力が強い場所にいた」と考えればよいのです。そうすると、時間の進み方がおそくなり、もとにもどったときは未来に来てしまうというわけです。こうした現象のことを「ウラシマ効果」と呼びます。浦島太郎にとってみれば、竜宮城行きは未来への「タイムトラベル」だったというわけです。

浦島太郎は、助けたカメに連れられて竜宮城へ行き、そこで数日間をすごす。ふるさとの浜に帰ると、なんと数百年がたっていた

竜宮城は重力が強い場所だった？

第2章 相対性理論と時間

未来を旅したふたごの弟

時間の進み方が変化することのふしぎを表した考え方に、「ふたごのパラドックス*」があります。

30歳のふたごの兄弟がいて、兄が地球に残り、弟は光の速さの99パーセントの速さで移動する宇宙船で10光年はなれた星まで行って、もどってきたとします。そうすると、地球に残った兄は50歳になっています。しかし、宇宙船の中ですごした弟は、約2.8年しかたってないため、32歳でもどってくることになります。

ふたごなのに歳が違ってしまうというふしぎな現象ですが、これは理論上ではおこることなのです。

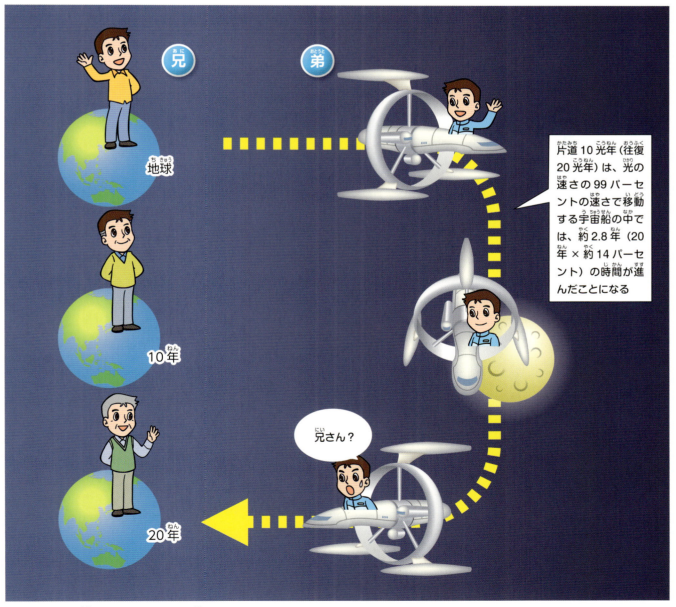

片道10光年（往復20光年）は、光の速さの99パーセントの速さで移動する宇宙船の中では、約2.8年（20年×約14パーセント）の時間が進んだことになる

*パラドックス：正しいとされていることに反することがら

第3章 時間を飛びこえる方法

ワープ航法システム
乗組員室（クルーモジュール）
司令室
実験室（サイエンスラボ）
脱出用ポッド

　時間を飛びこえ、過去や未来に行ける装置が「タイムマシン」です。もし、そのような画期的な装置をつくることができるとすれば、どのような方法が考えられるでしょうか。
　1つには、時間を飛びこえるために、宇宙空間にある「ワームホール（→ p.32）」と呼ばれる穴を通る方法が考えられます。ワームホールを通れば、過去の世界へ行けるかもしれないのです。
　また、「ワープ」ができる宇宙船を開発し、時間と空間を移動するという方法も考えられるでしょう。ワープとは、特殊な技術で時間と空間をひずませ、何光年もかかるような長い距離を、一瞬のうちに移動する方法です。
　これらの方法が可能になれば、過去や未来の世界へ行くことが可能になるかもしれません。第3章では、時間を飛びこえる方法について考えてみましょう。

ワームホールとタイムマシン

0:00 ワームホールってなんだろう？

「ブラックホール」は、宇宙空間にほられた穴のようなものです。この考えにヒントを得て、「ブラックホールに似ているけど、穴の底が行き止まりにならず、ずっとのびて別の穴につながるトンネルのようなものがあるかもしれない」と考えられるようになりました。そしてこのトンネルは、アインシュタインの共同研究者でアメリカの物理学者ジョン゠ホイーラーによって、「ワームホール」と名づけられました。

ワームホールとは「リンゴの虫食い穴」という意味です。ある物体の表面から裏側に行くには、物体の表面を移動しなければなりません。しかし、穴をあけて物体の中を通ることができれば短い移動ですみます。ワームホールは、この穴を通りぬけると、一瞬で遠い別の空間に行けるというものです。1988年、アメリカの物理学者キップ゠ソーン博士は、ワームホールを使うとタイムマシンがつくれるかもしれないと考えました。

ワームホールでタイムトラベルができる

考えたのはどんな人？
キップ゠ソーン博士 (1940年〜)
アメリカの物理学者。ジョン゠ホイーラーの弟子で、ブラックホールやワームホールについて研究した

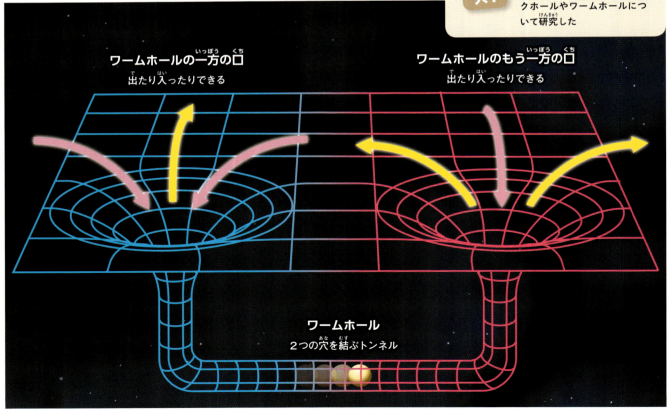

ワームホールの一方の口
出たり入ったりできる

ワームホールのもう一方の口
出たり入ったりできる

ワームホール
2つの穴を結ぶトンネル

7:00 ワームホールでタイムトラベルするには

しかし、ワームホールを使ってタイムマシンで過去や未来に移動するには、現代の科学では解決できないいくつもの問題があります。

その1つは、ワームホールはとても小さいものだと考えられるため、その中を通るには穴を大きくしなければならないことです。また、ワームホールの中ではとても強い重力がかかると考えられるので、その力にたえるタイムマシンが必要です。さらに、そのタイムマシンは光速に近い速さで移動できるものでなければなりません。

このように、理論的にはワームホールが存在する可能性はありますが、この穴を使ってタイムマシンで過去や未来に移動することができるかどうかは、まだわかっていないのです。

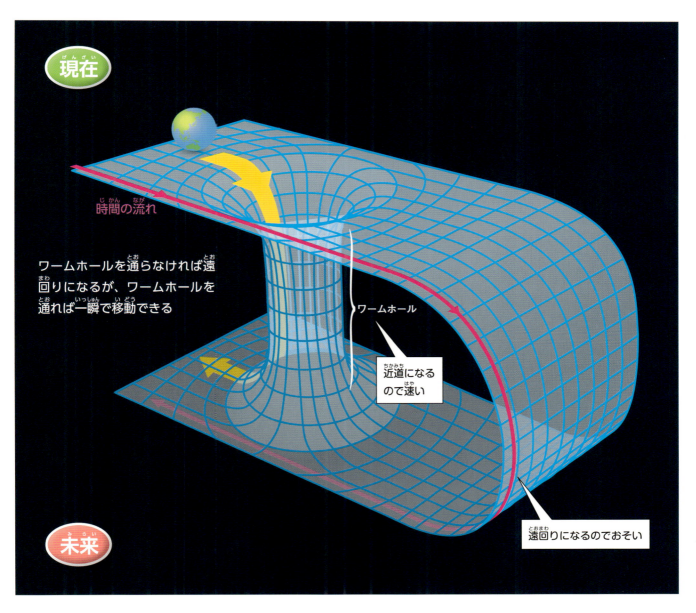

タイムパラドックスのふしぎ

🕛 過去にもどることはできないの？

過去にもどることができるとおきてしまうふしぎなことを「タイムパラドックス」といいます。タイムマシンができて過去にもどることができると、あるはずのないふしぎなことがおきるかもしれないのです。

たとえば、未来の世界でタイムマシンを発明した人が、1000年前の現代の世界へやってきたとします。そして、現代の私たちにタイムマシンのつくり方を教えます。やがて1000年たって、私たちの子孫がタイムマシンを完成さ

未来の技術を現代の人に教えたら？

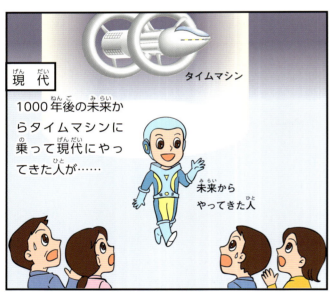

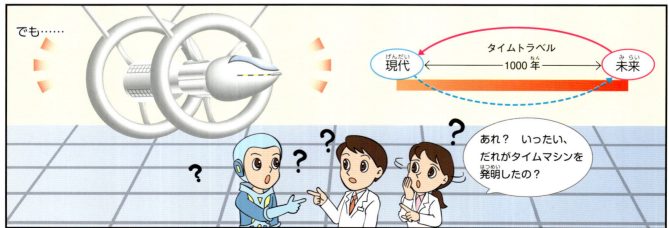

第3章 時間を飛びこえる方法

せて、そのタイムマシンで過去にもどることになれば、いったいだれがそのタイムマシンを発明したことになるのでしょうか？

また、「ぼく」がタイムマシンに乗って過去の世界に行き、「ぼく」の両親が出会うのをじゃましたとします。すると、「ぼく」は生まれてこないことになります。でも、「ぼく」はそこにいるのだから、おかしなことになります。

こうしたタイムパラドックスのなぞをどのように解けばいいのか、いろいろな考え方があります。「過去にもどっても歴史を変えることはできない」とする考え方や、「そもそもタイムマシンで過去にはもどれない」という考え方があります。

もし、両親の出会いをじゃましたら？

「ぼく」が、タイムマシンに乗って20年前の過去の世界に行く

20年前のお父さんとお母さん

そして、両親の出会いをじゃましてしまったら……

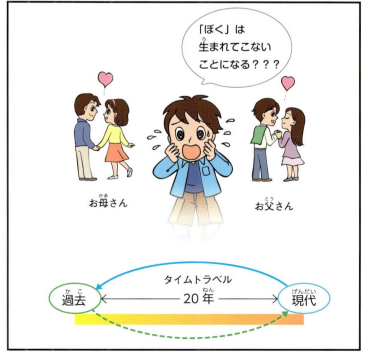

「ぼく」は生まれてこないことになる？？？

お母さん　お父さん

タイムトラベル　過去 ←20年→ 現代

宇宙のなぞと時間のふしぎ

7:00 パラレルワールドってなんだろう？

タイムパラドックスのなぞを解き明かす方法の1つに、「パラレルワールド」という世界の存在を仮定する方法があります。パラレルワールドは「並行世界」とも呼ばれ、私たちが暮らす世界とほとんど同じだけれど、ほんの少しだけちがう別の世界です。

タイムマシンに乗って過去に行っても、そこはもとの世界ではなく、少しだけちがうパラレルワールドに行ってしまうのかもしれません。そうすると、「ぼく」がパラレルワールドで両親が出会うじゃまをして、「ぼく」が生まれてこなかったとしても、もとの世界で両親は出会うので、「ぼく」は存在することになります。

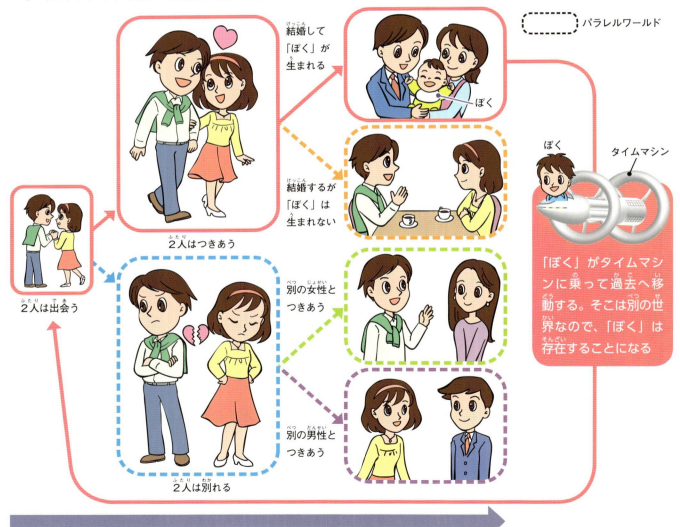

7:00 宇宙研究と時間の関係

もともとパラレルワールドは、空想から生まれた世界でしたが、近年、物理学のなかでパラレルワールドと同じような「多世界解釈」という考え方が見直されてきました。それは、なにかできごとがあるたびに、そのできごとが「あった」「なかった」という無数の世界にわかれていくという考え方です。

また、宇宙についての研究が進むにつれて、宇宙は「膜（ブレーン）」のようなものかもしれないと考える科学者がでてきました。私たちの世界は、縦・横・高さの3次元で、時間を加えると4次元となりますが、宇宙は5次元以上の世界にあるというのです。こうした宇宙を「ブレーンワールド」と呼びます。私たちが暮らす宇宙とはまったく別のブレーンワールドがたくさんあるという考え方です。

このような考え方が、正しいかどうかはまだわかりません。しかし、宇宙のことを考えると、時間のもつふしぎな性質がわかってきます。そのためにも、宇宙のなぞを解き明かす研究はとても重要なのです。

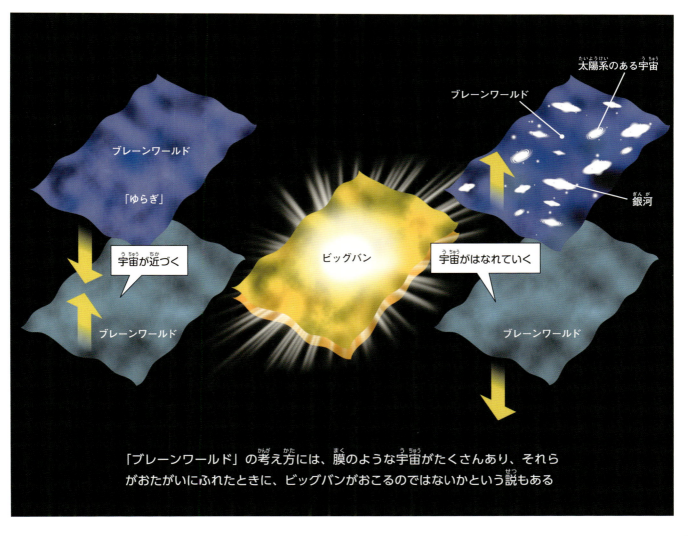

「ブレーンワールド」の考え方には、膜のような宇宙がたくさんあり、それらがおたがいにふれたときに、ビッグバンがおこるのではないかという説もある

さくいん

あ行

アイザック＝ニュートン ……………………… 20
アラン＝グース ………………………………… 12
アルバート＝マイケルソン …………………… 21
アルベルト＝アインシュタイン
　（アインシュタイン）………… 19, 20, 22, 24, 32
アレクサンダー＝ビレンキン ………………… 13
暗黒の時代 ……………………………………… 8
アンドロメダ銀河 ……………………………… 6
1光年（光年）…………………… 7, 8, 26, 29
1秒（1秒間）………………………… 6, 23
一般相対性理論 ………………… 19, 24, 28
インフレーション（インフレーション説）…… 12, 13
宇宙の「種」 …………………………………… 13
宇宙（の）たん生 ………………… 8, 12, 13
宇宙の晴れ上がり ……………………………… 12
ウラシマ効果 …………………………………… 28
エドウィン＝ハッブル（ハッブル）…………… 8, 9
エドワード＝モーリー ………………………… 21
オリオン星雲 …………………………………… 6

か行

核融合 …………………………………… 10, 11
キップ＝ソーン ………………………………… 32
銀河 ………………………………………… 9, 26
ケイ素 …………………………………………… 10
原子 ………………………………………… 8, 17
原子核 ……………………………………… 8, 10
原始星 …………………………………… 10, 11

さ行

原子時計 ………………………………………… 24
ケンタウルス座アルファ星 …………………… 6, 7
恒星 …………………… 7, 9, 10, 11, 19, 25, 26
公転 …………………………………… 7, 16, 21
5次元 …………………………………………… 37
佐藤勝彦 ………………………………………… 12
三角測量 ………………………………………… 7
3次元 ……………………………………… 24, 37
酸素 ………………………………………… 10, 11
ジェット ………………………………………… 26
質量 …………………………… 10, 11, 24, 26, 27
自転（自転軸）……………………………… 11, 16
重力 …………………… 19, 24, 25, 26, 28
主系列星 ………………………………………… 11
ジョージ＝ガモフ ……………………………… 8
ジョン＝ホイーラー …………………………… 32
シリウス ………………………………………… 6
水素（水素原子）…………………… 8, 9, 10, 11
星間ガス …………………………………… 10, 11
赤色巨星 ………………………………………… 11
赤色超巨星 ………………………………… 11, 26
相対性理論 ………………………………… 18, 19
相転移 …………………………………………… 12

た行

タイムトラベル ……… 18, 19, 28, 32, 33, 34, 35
タイムパラドックス ………………… 34, 35, 36
タイムマシン ……… 5, 30, 31, 32, 33, 34, 35, 36

料金受取人払郵便

山科局承認

1242

差出有効期間
平成29年7月
20日まで

郵便はがき

（受　　取　　人）

京都市山科区
　　日ノ岡堤谷町１番地

　　　ミネルヴァ書房
　　　　読者アンケート係 行

◆　以下のアンケートにお答え下さい。

お求めの
　書店名＿＿＿＿＿＿＿＿＿＿市区町村＿＿＿＿＿＿＿＿＿＿＿＿＿＿書店

＊　この本をどのようにしてお知りになりましたか？　以下の中から選び、３つまで○をお付け下さい。

　　A.広告（　　　　　）を見て　B.店頭で見て　C.知人・友人の薦め
　　D.著者ファン　　　E.図書館で借りて　　　F.教科書として
　　G.ミネルヴァ書房図書目録　　　　　　　H.ミネルヴァ通信
　　I.書評（　　　　）をみて　　J.講演会など　K.テレビ・ラジオ
　　L.出版ダイジェスト　M.これから出る本　N.他の本を読んで
　　O.DM　　P.ホームページ（　　　　　　　　　　　）をみて
　　Q.書店の案内で　R.その他（　　　　　　　　　　　　　　　　）

書 名 お買上の本のタイトルをご記入下さい。

◆上記の本に関するご感想、またはご意見・ご希望などをお書き下さい。
　文章を採用させていただいた方には図書カードを贈呈いたします。

◆よく読む分野（ご専門)について、３つまで○をお付け下さい。
　1. 哲学・思想　　2. 世界史　　3. 日本史　　4. 政治・法律
　5. 経済　　6. 経営　　7. 心理　　8. 教育　　9. 保育　　10. 社会福祉
　11. 社会　　12. 自然科学　　13. 文学・言語　　14. 評論・評伝
　15. 児童書　　16. 資格・実用　　17. その他（　　　　　　　　　　）

〒
ご住所

Tel　　　　（　　　）

ふりがな
お名前　　　　　　　　　　　　　　　　年齢　　　　性別
　　　　　　　　　　　　　　　　　　　　歳　男・女

ご職業・学校名
（所属・専門）

Eメール

ミネルヴァ書房ホームページ　　http://www.minervashobo.co.jp/
＊新刊案内（ＤＭ）不要の方は × を付けて下さい。　□

宇宙と時間クイズ

この本では「宇宙」と「時間」について考えてきました。みなさんには少しむずかしかったかもしれませんが、おぼえておきたいことを問題にしましたので、ヒントを参考にして答えを考えてみましょう。

\ 第1問 /

宇宙でもっとも速いのは「光」です。では、太陽の光が地球まで届くにはどれくらいの時間がかかるのでしょうか？

ヒント
光は1秒間に約30万キロメートルの速さで進みます。地球から太陽までは、約1億5000万キロメートルはなれています。

答えは6ページに

\ 第2問 /

宇宙は「ビッグバン」で始まり、そのときから「時間」が始まりました。
では、ビッグバンがおこったのは、今からどれくらい前でしょうか？

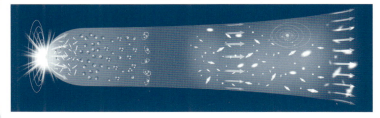

ヒント
太陽や地球がふくまれる「太陽系」が生まれたのは、ビッグバンから約92億年後です。地球が生まれてから約46億年たつと考えられています。

答えは8～9ページに

動物の生態や消化のしくみをウンコから学ぶ

みてビックリ！
動物のウンコ図鑑
全3巻
山本 麻由 監修 ／ 中居 惠子 文

1. 草食動物はどんなウンコ？
2. 肉食動物はどんなウンコ？
3. 雑食動物はどんなウンコ？

27cm　40ページ　NDC480　オールカラー　対象：小学校中学年以上

気をつけろ！
猛毒生物大図鑑
全3巻
今泉 忠明 著

山や森、海や川、家やまちにいる
猛毒生物がよくわかる！

① 山や森などにすむ　猛毒生物のひみつ
② 海や川のなかの　猛毒生物のふしぎ
③ 家やまちにひそむ　猛毒生物のなぞ

27cm　40ページ　NDC480　オールカラー　対象：小学校中学年以上

監修

山口大学 時間学研究所（やまぐちだいがく じかんがくけんきゅうじょ）
生物学・医学・物理学・心理学・哲学・社会学・経済学などさまざまな分野の専門家が所属し、新しい学問としての「時間学」をつくるために研究を行っている。

著者

藤沢 健太（ふじさわ けんた）
1967年生まれ。東京大学大学院理学研究科修了。理学博士。宇宙科学研究所COE研究員、通信・放送機構国内招聘研究員、国立天文台助手、山口大学助教授・准教授を経て、山口大学教授・時間学研究所所長。著書に、『時間学概論』（共著）。

イラスト（p.4〜5、p.18〜19、p.30〜31）

古沢 博司（ふるさわ ひろし）
長野県生まれ。大阪芸術大学デザイン科卒業。おもに動物・昆虫・恐竜などのネイチャーイラストと乗り物に関係するイラストを得意とし、近年は医学分野のイラストも手がけている。

イラスト（p.6〜17、p.20〜29、p.32〜37）

関上 絵美（せきがみ えみ）
東京都在住。立教大学卒業。リアルイラストからキャラクターまで幅広い作風をもち、各種雑誌・書籍・広告・パッケージなど多方面にわたってイラストの制作を手がけている。二科展イラスト部門受賞歴あり。

企画・編集・デザイン

ジーグレイプ株式会社

この本の情報は、2016年4月現在のものです。

参考図書

『時間学概論』監修／辻 正二　著／藤沢 健太、青山 拓央、鎌田 祥仁、松野 浩嗣、井上 愼一、一川 誠、森野 正弘、石田 成則　編集／山口大学時間学研究所　恒星社厚生閣　2008年

『天文学図鑑』監修／縣 秀彦　著／池田 圭一　技術評論社　2015年

『アインシュタインとタイムトラベルの世界』著／佐藤 勝彦　幻冬舎　2014年

『ブラックホールと時空の歪み／アインシュタインのとんでもない遺産』著／キップ・ソーン　訳／林 一、塚原 周信　白揚社　1997年

本書とあわせて読みたい本

『時間とは何か』著／池内 了、イラスト／ヨシタケ シンスケ　講談社　2008年

『図解雑学 タイムマシンと時空の科学』著／真貝 寿明　ナツメ社　2011年

『タイムマシンをつくろう！』著／ポール・デイヴィス　訳／林 一　草思社　2003年

ふしぎ？ふしぎ！〈時間〉ものしり大百科

②飛びこえる〈時間〉 タイムマシンのつくり方

2016年7月10日　初版第1刷発行　　〈検印省略〉

定価はカバーに表示しています

監　　修　山口大学 時間学研究所
著　　者　藤　沢　健　太
発 行 者　杉　田　啓　三
印 刷 者　田　中　雅　博

発行所　株式会社 ミネルヴァ書房
607-8494　京都市山科区日ノ岡堤谷町1
電話 075-581-5191／振替 01020-0-8076

© 藤沢健太, 2016　　印刷・製本　創栄図書印刷

ISBN978-4-623-07708-3
NDC449/40P/27cm
Printed in Japan

太陽	6, 7, 9, 10, 11, 16, 21, 24, 26	ビッグリップ	17
太陽系	7, 9, 26, 37	ビレンキン仮説	13
多世界解釈	37	ふたごのパラドックス	29
炭素	10, 11	ブラックホール	11, 26, 27, 32
地球	5, 6, 7, 9, 10, 16, 21, 22, 23, 24, 25	ブレーンワールド	37
中性子	8	ヘリウム（ヘリウム原子）	8, 9, 10, 11
中性子星	11	北極星	6
超新星爆発	11, 26	**ま行** マイケルソン・モーリーの実験	21
月	6, 7	膜（ブレーン）	24, 27, 37
鉄	10, 11	マグネシウム	10, 11
電波	11	無	8, 12, 13
特殊相対性理論	19, 20, 22, 28	**や行** ゆらぎ	13, 37
土星	6	陽子	8
な行 2次元	24	4次元	37
ノーベル物理学賞	20	**ら行** 連星	26
は行 ハーフミラー	21	**わ行** ワープ	31
白色矮星	11	ワームホール	31, 32, 33
はくちょう座 X－1	26		
パラドックス	29		
パラレルワールド（並行世界）	36, 37		
光時計	22, 23		
光の速さ（光速）	7, 18, 19, 20, 21, 22, 23, 25, 28, 29		
ピタゴラスの定理	23		
ビッグクランチ	17		
ビッグバン	8, 9, 10, 12, 17, 37		

※ 赤文字のページは、＊で説明を補っています。